Rahul Shitole
Sourabh Magdum

Conceção, desenvolvimento e análise de um kit de geração de HHO num motor diesel

Rahul Shitole
Sourabh Magdum

Conceção, desenvolvimento e análise de um kit de geração de HHO num motor diesel

ScienciaScripts

Imprint

Cover image: www.ingimage.com

This book is a translation from the original published under ISBN 978-620-2-00951-5.

Publisher:
Sciencia Scripts
is a trademark of
Dodo Books Indian Ocean Ltd. and OmniScriptum S.R.L publishing group

120 High Road, East Finchley, London, N2 9ED, United Kingdom
Str. Armeneasca 28/1, office 1, Chisinau MD-2012, Republic of Moldova, Europe
Printed at: see last page
ISBN: 978-620-7-84657-3

ÍNDICE DE CONTEÚDOS

Agradecimentos

Caros amigos, tenho vinte e quatro anos e acabei de concluir o meu primeiro livro de investigação baseado no meu projeto do último ano de engenharia mecânica. Tudo começou numa noite de inverno, quando recebi um e-mail de um editor da publicação Lap .

Estou muito grato às pessoas que me deram amor e carinho ao longo da minha vida. Como também àqueles que partilharam comigo os seus desafios e felicidades. Estou profundamente grato a todos. Em especial, quatro pessoas a quem gostaria de transmitir a minha mais sincera gratidão são os meus pais, Rajendra Shitole e Shital Shitole, o meu tio Mahendra Gaekwad e a minha tia Lalita Gaekwad, que me acompanharam em todas as fases da minha vida, com muitos êxitos e poucos fracassos.

Agradeço a todos os meus amigos que me ajudaram ao longo desta viagem. Gostaria de mencionar alguns nomes como Shounak Prabhukeluskar, Rohan Borade, Shubham Salunke, Rahul Pote e Ashay Shah.

Este projeto de investigação e este livro de investigação não teriam tomado forma sem os esforços incansáveis e dedicados dos meus parceiros de projeto, da minha equipa e dos meus amigos Nikhil Raut, Sourabh Magdum e Sanket Mane. Pravin Borade, Professor do Campus Técnico de Narhe da JSPM. Estou profundamente grato ao Dr. A. B. Auti, Diretor do JSPM Narhe Technical Campus, e ao Dr. J.S. Gawande, Chefe do Departamento de Engenharia Mecânica do JSPM Narhe Technical Campus, pelo seu grande contributo na revisão do meu projeto e pela ajuda que me deram nos problemas que surgiram ao longo do meu projeto. Agradeço também ao editor Ion Artin pela sua ajuda na finalização do manuscrito.

30 de julho de 2017 Rahul Rajendra Shitole

Pune

1. Introdução

A procura crescente de combustíveis petrolíferos, associada a quantidades limitadas de reservas não renováveis, deu origem a uma enorme instabilidade dos preços do petróleo bruto. Nos últimos anos, o cidadão comum sentiu esse facto ao pagar mais nas bombas. Consequentemente, assistimos a uma mudança para automóveis que consomem menos combustível. Foi demonstrado que a utilização de hidrogénio gasoso pressurizado como combustível em motores de combustão interna (motores IC) tem muitas vantagens, tais como maior potência do motor e menores concentrações de poluentes nos gases de escape[5] .

Na literatura, alguns dos investigadores utilizaram hidrogénio puro e outros tentaram utilizar gases ricos em hidrogénio (HRG), incluindo também uma mistura de hidrogénio oxigenado (HHO) produzida por eletrólise da água. O hidrogénio é um dos combustíveis alternativos para criar um futuro limpo e amigo do ambiente, com eficiência energética e baixa poluição. Quando o hidrogénio é utilizado numa célula de combustível para gerar eletricidade ou é queimado com ar, gera mais energia com menos poluição em comparação com o motor normal e uma redução significativa no SFC, bem como[5] ▪

Foram obtidas muitas vantagens após a instalação do dispositivo atrás do carburador do motor. Estas incluem, mas não se limitam às seguintes: uma mistura relativamente eficiente dos elementos (gasolina e ar) dentro do coletor de admissão, maior economia de combustível, maior estabilidade do motor e emissões reduzidas. O objetivo deste trabalho é introduzir algumas das vantagens do hidrogénio, mantendo as especificações originais do motor[6] .

A temperatura de auto-ignição do hidrogénio é elevada e tem uma vasta gama de inflamabilidade, o que o torna altamente adequado para motores de alta compressão. O único inconveniente do hidrogénio é o facto de ter uma densidade menor. Por conseguinte, um volume de hidrogénio contém menos energia[1] . Exceptua-se que a potência indicada aumentará 10%. A eficiência térmica indicada também aumentará em 15% e o consumo específico de combustível diminuirá em 10%.

1.1 Teoria :-

Neste projeto, o kit HHO deve ser concebido e fabricado para um motor diesel monocilíndrico. O hidrogénio oxigenado (HHO) deve ser fornecido juntamente com a mistura ar-combustível de entrada do motor. O gerador de hidrogénio é utilizado para separar o HHO da água, como mostra a figura 1.0. Este HHO separado passa depois por dispositivos de segurança e é finalmente fornecido ao motor. O hidrogénio tem uma velocidade de chama mais elevada e a sua mistura com gasolina pode entrar em combustão mais rapidamente. No entanto, à medida que a adição de H2 aumenta o limite de inflamabilidade da mistura para uma equivalência de combustível mais pobre, a taxa de reação será reduzida e a combustão será prolongada em condições de combustível pobre .[2]

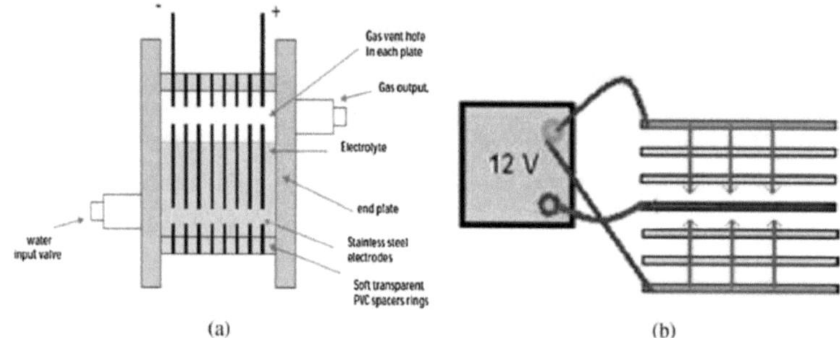

(a) (b)

Fig 1.0 Configuração do gerador HHO. [6]

As vantagens da redução de CO2, CO e HC, enquanto o NOx aumentou, com uma maior % de H2, podem ser explicadas da seguinte forma: a redução destes 3 foi atribuída a uma cinética de combustão melhorada, uma vez que a combustão de H2 produz as espécies oxidantes de radicais OH e O que beneficiam a química da combustão de hidrocarbonetos (HCs). Além disso, o caudal de combustível de gasolina foi reduzido com o enriquecimento de H2 - para manter constante a equivalência global da mistura e comparar o desempenho do motor com a gasolina pura - pelo que o teor de HCs no combustível é menor, o que reduz a formação de CO, CO2 e HC e promove um consumo económico de combustível. Além disso, o hidrogénio tem um coeficiente de difusão mais elevado do que o da gasolina, pelo que o H2 gasoso pode dispersar-se completamente na carga e permitir uma maior homogeneidade da mistura e uma combustão mais completa. Por outro lado, o aumento de NOx foi atribuído à chama adiabática mais elevada.

1.2 Características do hidrogénio :-

O hidrogénio tem um limite de inflamabilidade de 4-75% em volume, em comparação com 0,75% do gasóleo. A temperatura de auto-ignição do hidrogénio é de 858 K, em comparação com 530 K do gasóleo. A velocidade da chama do hidrogénio após a injeção é de 265-325 cm/s em comparação com 30 cm/s do gasóleo. A elevada velocidade da chama do hidrogénio resulta numa pressão elevada do cilindro. Os parâmetros acima referidos podem reduzir o Co e os HC. Devido à temperatura elevada, os NOx aumentam ligeiramente. O quadro 1 apresenta as propriedades do hidrogénio e do gasóleo.

O valor calorífico líquido do hidrogénio é de 119,93 Mj/kg, ao passo que o gasóleo de base tem um valor calorífico líquido de 42,5 Mj/kg. O valor calorífico líquido aumenta o processo de combustão e o combustível arde de forma mais limpa. O resultado é uma redução da poluição.

Quadro 1.1 Propriedades do hidrogénio e do gasóleo

Sr.No.	Properties	Diesel	Hydrogen
1	Auto IgnitionTemperature (K)	530	858
2	Flammability Limits(volume % in air)	0.7-5	4-75
3	Stoichiometric air fuelRatio on mass basis	14.5	34.3
4	Density at 16 c and 1.01 bar (kg/m*3)	833-881	0.0838
5	Net heating value (MJ/kg)	42.5	119.93
6	Flame velocity (cm/s)	30	265-325
7	Diffusivity in air (cm*2/s)	---	0.63
8	Research octane number	30	130

1.2 Definições importantes :-

- HHO:- **HHO** significa 2 partes de Hidrogénio e 1 parte de Oxigénio. Quando 2 átomos de Hidrogénio estão ligados a 1 átomo de Oxigénio temos água, mas quando separamos os átomos um do outro temos um gás misto de Hidrogénio e Oxigénio. O termo correto para este gás é Oxi-Hidrogénio.

  H2O + corrente = HHO

- Potência de travagem: - Potência medida a partir da extremidade do volante de um motor. Pode ser denotada como BHP
- Relação Ar-Combustível:- É a relação entre a massa de combustível e a massa ou volume de ar na mistura. Afecta o fenómeno da combustão e é utilizada para determinar a velocidade de propagação da chama e o calor libertado na câmara de combustão.
- BSFC:- É definido como a quantidade de combustível consumida por cada unidade de potência de travagem por hora; indica a eficiência com que o motor desenvolve a potência a partir do combustível. É utilizado para comparar o desempenho de diferentes motores.
- Índice de octanas:- É uma medida padrão do desempenho de um combustível para motores. Quanto mais elevado for o índice de octanas, maior é a compressão que o combustível pode suportar antes de detonar (inflamar).

1.4 Declaração do problema :-

A célula de combustível HHO deve ser projectada de acordo com estas especificações [Quadro 1.2]. O caudal mássico de HHO deve ser controlado para 0,4 LPM. Realizar ensaios do kit HHO. Selecionar o material adequado para suportar a reação química.

Tabela 1.2 Especificação do motor diesel

Parameter	Specification
Type	Water cooled diesel engine
Displacement	660 CC
Bore and Stroke	87.5 * 110 mm
Cylinders	1
Power	4.76 BHP @1500 rpm

1.5 Objetivo:

- Separar o HHO da água por eletrólise.
- Para obter um caudal mássico de 0,4 Lpm.
- Compatibilidade do material com o produto químico antes e depois da reação.
- Segurança da célula HHO.
- Modelo matemático para calcular
    - Consumo de matérias-primas
    - Energia de saída
    - Eficiência da célula HHO

2. Revisão da literatura

M. R. Dahake[1] realizou ensaios sobre o enriquecimento com gás hidroxilo que resultaram numa melhoria significativa do desempenho e na redução dos parâmetros de emissão, exceto a temperatura dos gases de escape e as emissões de NO, que aumentam com o aumento da carga. A eficiência térmica do motor diesel aumenta e o consumo específico de combustível é reduzido quando enriquecido com gás hidroxilo. A temperatura dos gases de escape parece aumentar, provocando um aumento dos NOx. Quando o gás hidróxido é enriquecido com ar no motor diesel, a eficiência térmica para a taxa de compressão 18 aumenta em 9,25% em comparação com a combustão do diesel de base e o consumo específico de combustível é reduzido em 15% a plena carga.

Ammar A. Al-Rousan[2] efectuou ensaios com o gás de Brown (HHO), que foi recentemente introduzido na indústria automóvel como uma nova fonte de energia. O presente trabalho propõe a conceção de um novo dispositivo ligado ao motor para integrar um sistema de produção de HHO no motor a gasolina. Neste trabalho, o FC para a produção de gás HHO foi projetado, fabricado e testado. Estes dados podem ser úteis para testar o FC no motor.

Wei Sun, O hidrolisado[3] de óleo de lavagem de porco (HHO) foi preparado à pressão ambiente utilizando óleo de lavagem de porco recolhido da indústria alimentar como matéria-prima através de hidrolisação de vários estágios não pressurizada. Neste estudo, o HHO sintetizado provou ser uma boa opção de coletor para utilização na separação de minerais em bauxite diaspórica de baixo grau.

Ali Can Yilmaz[4] Neste estudo, o gás hidróxido (HHO) foi produzido pelo processo de eletrólise de diferentes electrólitos (KOH(aq), NaOH(aq), NaCl(aq)) com vários modelos de eléctrodos num reator de plexiglas à prova de fugas (gerador de hidrogénio). A velocidades médias e elevadas do motor, o sistema HHO com gasóleo produz um binário do motor mais elevado em comparação com o funcionamento de um motor alimentado exclusivamente a gasóleo, a menos que seja adicionada uma HECU ao sistema.

Ammar A. Al-Rousan[5] A redução da poluição associada à combustão do petróleo está a ganhar um interesse crescente em todo o mundo. Recentemente, o gás de Brown (gás HHO) foi introduzido como uma fonte alternativa de energia limpa. Foram efectuados ensaios experimentais para investigar o efeito do gás HHO nos parâmetros de emissão de um motor Honda G 200.

Mustafa Kaan Baltacioglu[7] O principal objetivo deste estudo é comparar as características de desempenho e de emissões de um motor diesel de injeção piloto com a adição de combustíveis alternativos como o hidrogénio puro, o HHO e o biodiesel. Em suma, o estudo atingiu o seu objetivo principal e satisfez a falta de comparação entre os efeitos do hidrogénio puro e do HHO no desempenho e nas emissões de um motor diesel.

Yehia A. Eldrainy[8] O objetivo deste trabalho foi construir um sistema inovador e simples de geração de HHO e avaliar o efeito da adição de gás hidroxilo HHO, como melhorador do desempenho do motor, ao combustível gasolina no desempenho e nas emissões do motor. Foram efectuadas experiências laboratoriais para investigar o efeito do gás HHO nas emissões e no desempenho de um motor Skoda Felicia 1.3 GLXi. Os dados são úteis para testar.

H.N. Farneze[9] A utilização do aço inoxidável austenítico do tipo AISI 317L tem aumentado nos últimos anos, em substituição do AISI 316L e de outros tipos de aço austenítico. Foram estudados os efeitos da exposição do aço AISI 317L a 550 °C. A microestrutura inicial do metal de base era constituída por austenite e 4% de ilhas alongadas de ferrite delta.

Sara Al Saadi Yongsun[10] "Quebra de passividade do aço inoxidável 316L durante a polarização potenciodinâmica em solução de NaCl", A análise por espetroscopia de massa de iões secundários de tempo de voo (ToF SIMS) foi efectuada em aço inoxidável 316L polarizado potenciodinamicamente até diferentes potenciais em solução de NaCl. A espessura da película superficial aumentou com o potencial final da polarização potenciodinâmica, quando estimada pelos perfis de profundidade do ião oxigénio. O processo pode ser útil para separar o HHO do material 316L.

Da Sun[11] "Inibição do biofilme de Staphylococcus aureus por um aço inoxidável 317L-Cu com cobre e a sua resistência à corrosão", O hidrolisado de óleo de lavagem de porco (HHO) foi preparado à pressão ambiente utilizando óleo de lavagem de porco recolhido da indústria alimentar como matéria-prima através de hidrolisação de vários estágios não pressurizada. Antes da hidrólise, o óleo de lavagem de porco recolhido foi sujeito a um pré-tratamento que incluiu edulcoração por deposição, acidificação, degomagem e desodorização por digestão, bem como desidratação a vácuo. O processo pode ser útil para separar o HHO do material 316L.

Da Sun[12] "Inibição do biofilme de Staphylococcus aureus por um aço inoxidável 317L-Cu com cobre e a sua resistência à corrosão", O presente estudo investigou o desempenho antibacteriano, a resistência à corrosão e as propriedades de superfície do aço inoxidável austenítico 317L-Cu antibacteriano (317L-Cu SS). Este estudo demonstrou claramente que o aço inoxidável 317L-Cu com processos especiais de tratamento térmico possuía uma excelente atividade antibacteriana contra o biofilme de S. aureus.

Yaolei Han[13] "Effect of electropolishing on corrosion of nuclear grade 316L stainlesssteel in deaerated high temperature water", Foi investigado o efeito da alteração da composição da superfície e da microestrutura por electropolimento na corrosão do aço inoxidável 316L de grau nuclear em água desaerada a alta temperatura. Neste trabalho foi investigado o efeito do electropolimento na corrosão do aço inoxidável 316L em água desaerada a alta temperatura.

3. Conceção do gerador HHO :-

A conceção de um gerador de células de combustível é uma das partes cruciais de todo este projeto.

A conceção do gerador de hidrogénio baseia-se em:

i) Capacidade de produção de hidrogénio gasoso

O gerador de HHO utilizado neste estudo é apresentado na Fig. 2. É constituído por um tanque de separação (1) que alimenta a célula HHO (2) com um fluxo contínuo de água para evitar o aumento da temperatura no interior da célula e para permitir a produção contínua de hidrogénio. A mistura de oxigénio e hidrogénio gerada na célula seca volta para o topo do tanque com algumas gotas de água[6].

$2H2O = 2H2 + O_2$

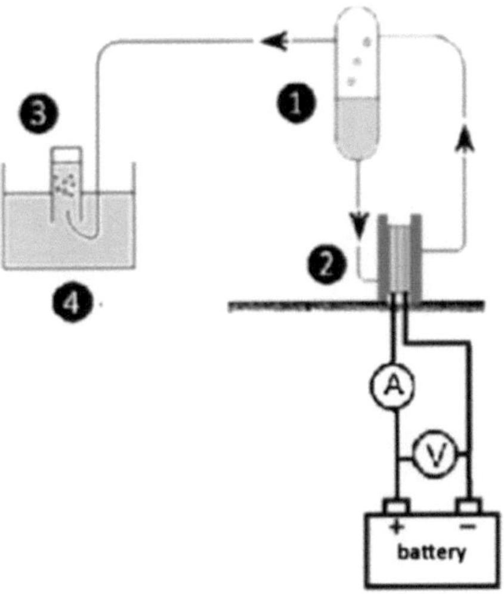

Fig. 2.0 Configuração do sistema[5]

As gotículas de água separam-se e caem no fundo do reservatório com o resto da água, enquanto os gases de hidrogénio e de oxigénio são encaminhados para o coletor de admissão do motor. O caudal de HHO foi medido calculando a deslocação da água por tempo de acordo com a configuração mostrada na Fig. 2. O gás HHO deixa o tanque de separação e flui para a piscina aberta de água (4), fazendo descer a água do cilindro graduado invertido (3). O volume de gás recolhido no cilindro graduado por unidade de tempo foi medido como o caudal de HHO. Por conseguinte, a produtividade da célula pode ser calculada a partir da seguinte equação:

$$\text{HHO Productivity} = \frac{\text{Volume}}{\text{Time}}$$

ii) Corrente de entrada a ser fornecida

As dimensões da placa são decididas através da limitação do valor da corrente. A consideração da corrente é importante porque o aumento do valor da corrente aumenta a temperatura do gerador de HHO. Se esta temperatura exceder o seu valor limite, há possibilidades de falhas no sistema, causando a explosão do kit. Por isso, o valor da corrente é tido em conta na conceção do sistema. As dimensões da placa são as seguintes

r = 5,50 mm, d = 11 mm, L = 127 mm, t = 1 mm

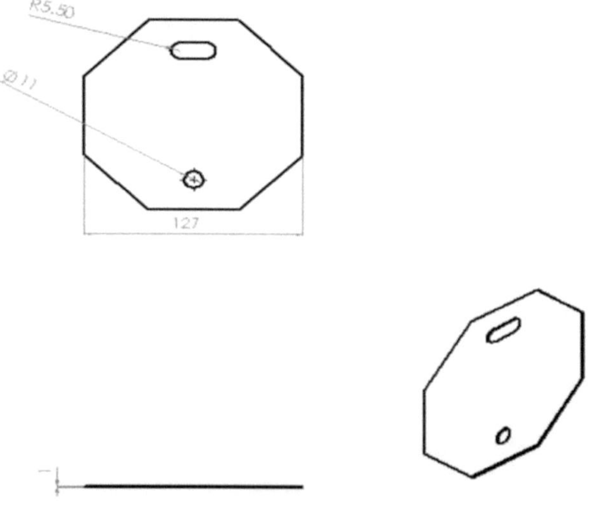

Fig. 3.0 Conceção da placa.

O valor máximo de corrente que estava a ser aplicado era de 12 Amp. Por isso, selecionar o valor da corrente limite como 16 Amp. Por isso, o comprimento de funcionamento da placa deve ser de 4 polegadas. Está a ser selecionada uma placa de 5 polegadas.

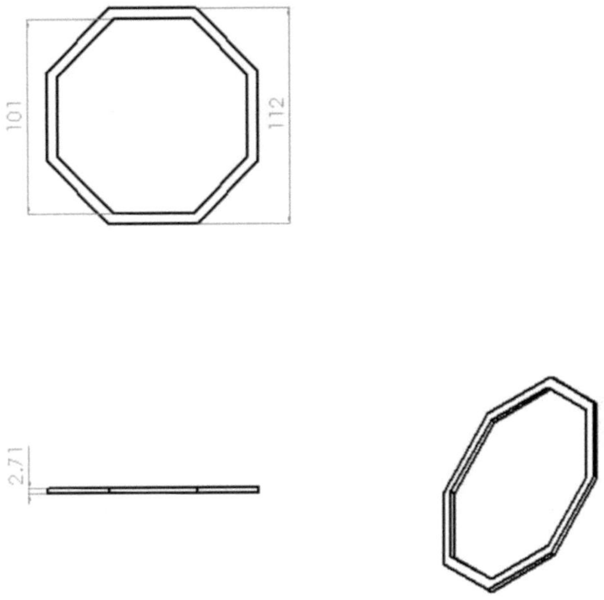

Fig. 4.0 Conceção da junta

Como se mostra na Fig. 4.0, o tamanho da junta é de 4 polegadas. O comprimento total da câmara de trabalho é de 4 polegadas. A junta é feita de material de borracha. Estão a ser utilizados 2 conjuntos de placas no kit do gerador.

$$\text{Corrente utilizada} = \frac{\text{Área da câmara de trabalho}}{2} \text{ (para 1 conjunto de placas)}$$

Como são utilizados 2 conjuntos de placas, o valor limite da corrente é de 16 Amp.

3.1 Projeto de gerador de célula de combustível:-

O gerador de célula de combustível é utilizado para produzir gás HHO a partir da reação química de água destilada e pastilhas de KOH.

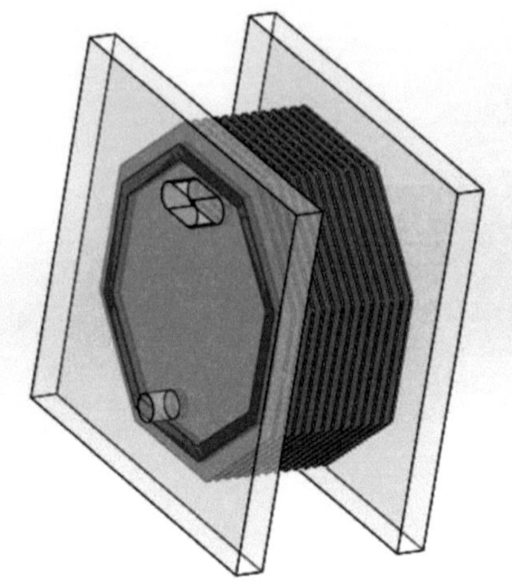

Fig. 5.0 Modelo de gerador de célula de combustível

No nosso projeto, utilizámos 13 placas de aço inoxidável 316L, 14 juntas de borracha e 2 placas de acrílico, como se mostra na fig. 5.0. A água flui de uma extremidade da placa de acrílico. A outra extremidade da placa de acrílico está bloqueada, pelo que a água começa a encher entre as placas. A alimentação eléctrica é fornecida pela bateria. A alimentação negativa é fornecida às primeiras e últimas placas, enquanto a alimentação positiva é fornecida à placa intermédia. O HHO gerado é recolhido na ranhura superior da placa de acrílico. A placa SS 316L é resistente à corrosão, ao calor e aquece até 1010 -1120^{00} c. Estas propriedades são adequadas para conceber o kit HHO.

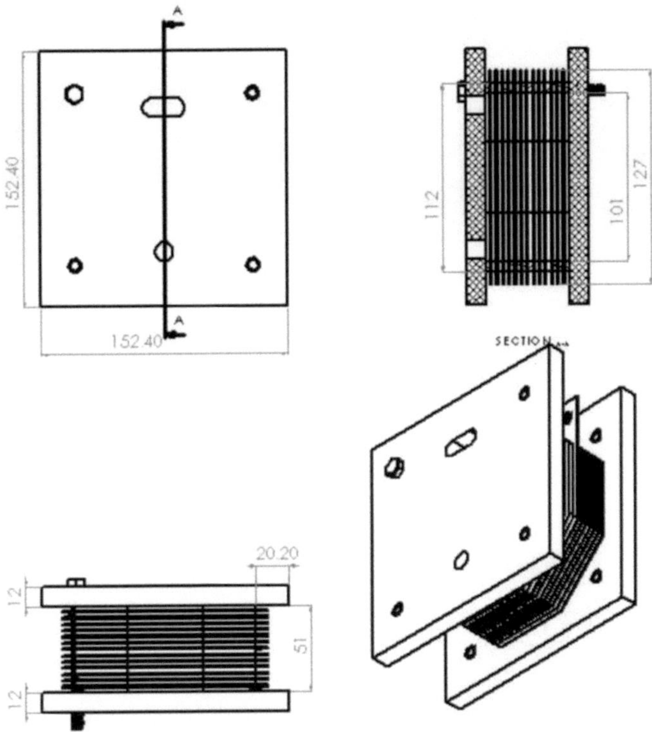

Fig 6.0 Desenho do gerador de células de combustível

Como se mostra na fig. 6.0, são utilizadas duas placas de acrílico para cobrir o gerador. As dimensões das placas de acrílico são 152,40 X 152,40 mm. A largura das placas é de 12 mm. São utilizadas 13 placas de aço inoxidável de grau 316L. As dimensões das placas são 127 X 127 X 1 mm.

14 As juntas de borracha são utilizadas para criar uma câmara de trabalho. As juntas de borracha impedem a fuga da solução electrolítica. As juntas de borracha são de 101 X 101 mm.

O gerador HHO consiste em dois conjuntos de placas, contendo 7 placas cada num conjunto. A largura total do kit é limitada a 75 mm.

3.2 Instalação em funcionamento :-

O motor a gasolina normal funciona com base no princípio de que a mistura ar-combustível entra no cilindro. O pistão comprime a mistura ar-combustível e a vela de ignição é utilizada para inflamar a mistura comprimida e produzir trabalho mecânico. No entanto, a combustão é incompleta devido a vários factores, como o baixo índice de octanas do combustível, a pré-combustão, etc., o que resulta em perda de potência e aumento da poluição.

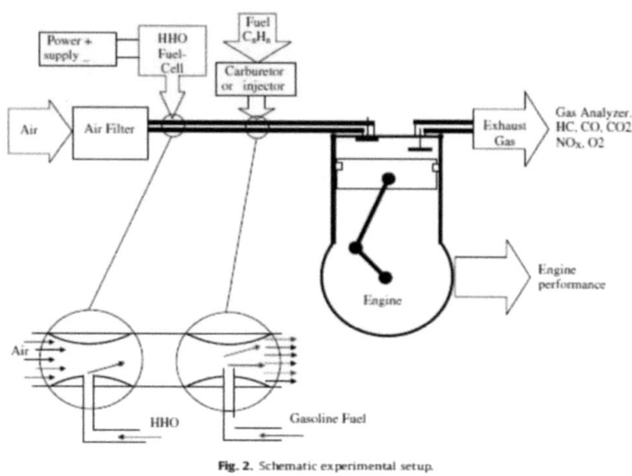

Fig. 2. Schematic experimental setup.

Fig 7.0 Diagrama de configuração do sistema HHO [16]

Como se mostra na figura 7.0. A célula de combustível é instalada no tubo de entrada do cilindro do motor. O HHO é gerado no gerador e enviado para o cilindro juntamente com a mistura ar-combustível. A composição aproximada da mistura HHO + Ar-Combustível é de 40% + 60%. Esta composição modificada aumentará o índice de octanas do combustível, resultando numa combustão pura. Uma vez que a combustão é pura, aumentará o desempenho do motor e reduzirá a deposição de carbono. As vantagens do sistema são a redução de CO2, CO e HC, enquanto os NOx aumentam com uma maior percentagem de H2. A redução destes 3 foi atribuída a uma cinética de combustão melhorada, uma vez que a combustão de H2 produz as espécies oxidantes de radicais OH e O que beneficiam a química da combustão de hidrocarbonetos (HCs). Além disso, o caudal de combustível de gasolina foi reduzido com o enriquecimento de H2 para manter constante a equivalência global da mistura e comparar o desempenho do motor com a gasolina pura, pelo que o teor de HCs no combustível é menor, o que reduz a formação de CO, CO2 e HC e promove um consumo económico de combustível. Além disso, o hidrogénio tem um coeficiente de difusão mais elevado do que o da gasolina, pelo que o H2 gasoso pode dispersar-se completamente na carga e permitir uma maior homogeneidade da mistura e uma combustão mais completa. Por outro lado, o aumento de NOx foi atribuído à temperatura de chama adiabática mais elevada do hidrogénio.

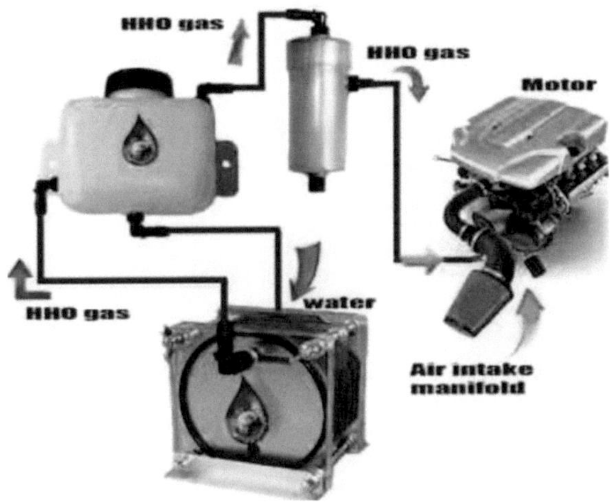

Fig.8.0 Geração de HHO [15]

A Fig. 8.0 mostra que os componentes do kit de geração de HHO são os seguintes

Componentes:- 1) Reservatório

2) Gerador

3) Segurança

4) Controlo do fluxo

- **Reservatório:**
  - O depósito do reservatório é feito de plástico.

- Reservatório colocado neste sistema para efeitos de armazenamento de água
- Reservatório 70% cheio com água destilada e os restantes 30% com espaço para
  Gás HHO.
- No reservatório, KOH adicionado em água destilada para a produção de HHO.
- O reservatório está equipado com uma válvula de segurança na parte superior para libertar o excesso
  pressão do gás HHO gerado durante o pico de carga.

➢ **Gerador**

- No gerador, o arranjo do tipo placa é concebido para a produção de HHO.
- O fornecimento de eletricidade ao gerador é de 10 Amp. na nossa aplicação.
- Em ambas as extremidades negativas gera-se hidrogénio e no meio gera-se oxigénio.
- O material da placa que é colocada no gerador é o aço inoxidável 316l.
- A corrente é fornecida ao gerador e a reação tem lugar ao longo da superfície da placa.

Existem dois tipos de geradores de hidrogénio :-

I. Gerador de tipo seco.
II. Gerador de tipo húmido

A reação que tem lugar no gerador é:-

KOH(s) + H2O(l) = K(aq) + 2OH

Gerador de tipo seco :-

Fig. 9.0 Célula de combustível seca [8]

- O termo "gerador a seco" é uma designação incorrecta.
- É como chamar radiador seco ao sistema de arrefecimento de um veículo.
- O gerador seco seria mais apropriadamente chamado de sistema de recirculação

  gerador de hidrogénio.
- Células secas que se tornam a escolha de muitos quando se trata de grandes motores

  especialmente quando o espaço limitado sob o capot é um fator.

Gerador de tipo húmido

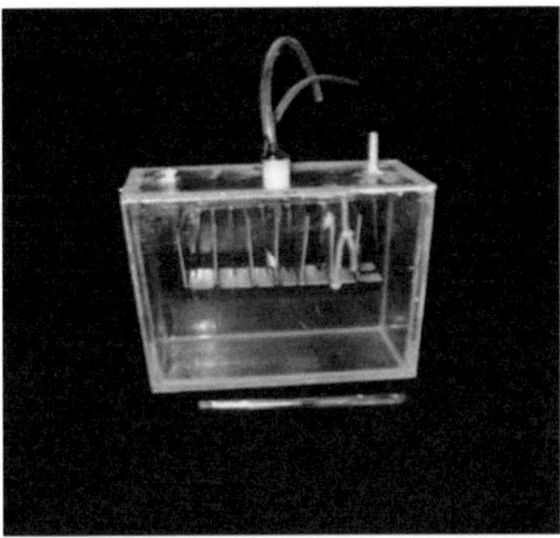

Fig. 10.0 Célula de combustível húmida [8]

- O gerador húmido pode ser um gerador "autónomo".
- Ambos os tipos de geradores produzem hidrogénio em graus variáveis, mas os geradores húmidos não têm um reservatório externo que recircula a solução electrolítica.
- Os geradores de assistência a hidrogénio percorreram um longo caminho nos últimos anos. Os nossos geradores Wet de estilo clássico tornaram-se cada vez mais eficientes e têm um desempenho melhor do que quando tudo isto começou.
- As Dry-Cells de qualidade têm sido praticamente isentas de manutenção e, embora as WetCells continuem a ser a escolha acessível para começar a utilizar geradores de "hidrogénio para assistência"

➢ **Controlo do fluxo :-**

O fluxo de HHO tem de aumentar com o aumento da potência, ou seja, com o aumento da relação ar/combustível e vice-versa.

➢ **Segurança :-**

A temperatura do HHO aumenta no gerador, que precisa de ser reduzida para um nível aceitável. O sistema precisa de ser projetado.

3.3 Parâmetro do processo :-

➢ Gerador HHO:-

Quadro 1.4 Gerador de HHO

Parameter	Specifications
Stainless steel	13
Rubber Gasket	14
Acrylic	02
Current supply	10 Amp, 12V DC

➢ **Aço inoxidável (316L) Propriedades :-**

1. Resistência à corrosão: -

- O aço inoxidável é resistente à água até cerca de 1000 mg/l.

- É de aço inoxidável de qualidade marítima.

2. **Resistência ao calor:-**
   - Este aço tem uma boa resistência à oxidação 870°c - 950°c.
   - Mais resistente à precipitação de carboneto.
   - Material que contém pressão
3. **Tratamento térmico:-**
   - Aço inoxidável Aquece até 1010°-1120° e arrefece rapidamente
   - Operações mais comuns de trabalho a frio e a quente, como o corte, desenho, a estampagem pode ser efectuada em 316L.

METALLURGICAL SERVICES

Flat No.B-9 ; Vinay & Vasant Co-op. Hsg.Society ; Gokhale Nagar , Pune- 411016
Phone No.: 65224626, 25653460 , 25454137
e-mail :pms.vvraje@gmail.com

TEST REPORT

Report No. / Date	*1579 / 02-12-2016*	Challan No.	*Letter*
Date of Performance	*02-12-2016*	Date of Receipt	*30-11-16*
Customer Name & Address	*M/s. JSPM Narhe Technical Campus , Narhe , Pune .(Mr. Rahul Shitole)*		
Description	*1.00 mm Thk Stainless Steel Sheet Cut Piece , AISI 316 L*		
Specifications	*Grade - S31603 - ASTM A240 / A 240 M - 04 a - E1*	Qty.	*01 No*
Methods Used	*Optical Emission Spectromiter (ASTM - E - 1086 - 2014)*		

Sr. No.	Size (mm)	%C	%Mn	%Cr	%Mo	%Ni	%V	%W	%Cu	%Si	%S	%P	
I	*Specified Composition*												
		0.030 max. —	*2.00 max. —*	*16.00 to 18.00*	*2.00 to 3.00*	*10.00 to 14.00*	— —	— —	— —	*0.75 max. —*	*0.030 max. —*	*0.045 max. —*	
II	*Spectromax Observation*												
1	*1.00 Thk*	*0.027*	*1.42*	*16.82*	*2.05*	*10.00*	—	—	—	*0.27*	*0.001*	*0.045*	

REMARK :

The values of above elements chemically conforms to the specification of Grade- S31603- ASTM A240 / A 240 M - 04 a - E1 / AISI 316 L.

METALLURGICAL SERVICES B/9, Vinay & Vasant Society near Navsahyadri Pune 411016

Technical Manag

Authorised Signator

LAB - F- 01

NOTE : - % of indicated elements are approximate value & within specified limit, by spark & Spectral method.

Terms and Conditions

1) Test certificate not to be reproduced, except in full without written permission of Laboratory.
2) Test certificate to the samples submitted.
3) Samples are retained by Laboratory for 15 days from the date of receipts.
4) Request for retest or any other test within 15 days only.

31-05-17 08:

4. Componentes :-

i) Catalisador

A platina e a liga de platina e ruténio, os catalisadores mais eficazes para as reacções de oxidação e redução, quando dispersas uniformemente em pó de carbono, aumentam significativamente a área de superfície reactiva e constituem um catalisador ideal para muitos processos electroquímicos.

As células de combustível produzem energia através da oxidação de átomos de hidrogénio em protões e electrões no elétrodo do ânodo e da redução de átomos de oxigénio com protões no elétrodo do cátodo. Geralmente, numa pilha de combustível de membrana de eletrólito polimérico (PEMFC), a platina é utilizada como catalisador.

Uma célula de combustível de metanol direto (DMFC) requer a adição de ruténio como catalisador. Este é utilizado para promover as reacções de oxidação e redireccionamento.

Fig. 11. KOH em pó

Tipos de catalisadores :-

I. Catalisadores à base de platina

II. Catalisadores à base de platina e ruténio

III. Catalisadores à base de paládio

IV. Catalisadores à base de irídio

ii) Eléctrodos

Os eléctrodos de difusão de gás (GDE) do ânodo e do cátodo de um dispositivo eletroquímico consistem num catalisador carregado numa camada de difusão de gás (GDL). Os catalisadores mais utilizados incluem platina suportada em carbono e platina/ruténio para a melhor dispersão e utilização do catalisador nas células de combustível PEM. Os eléctrodos para aplicações em células de combustível são geralmente hidrofóbicos para reduzir o problema de inundação durante o funcionamento da célula de combustível.

Os eléctrodos de difusão de gás (GDE) são adequados para utilização na construção e/ou investigação do seu próprio **conjunto de eléctrodos de membrana (MEA)** para células de combustível.

Fig. 12. Placas de eléctrodos

iii) Conjuntos de eléctrodos de membrana (MEA) :-

O **Conjunto de Eléctrodos de Membrana (MEA)** é o componente central de uma pilha de combustível que ajuda a produzir a reação eletroquímica necessária para separar os electrões. No lado do ânodo do MEA, um combustível (hidrogénio, metanol, etc.) difunde-se através da membrana e é encontrado na extremidade do cátodo por um oxidante (oxigénio ou ar) que se liga ao combustível e recebe os electrões que foram separados do combustível. Os catalisadores de cada lado permitem reacções e a membrana permite a passagem de protões enquanto mantém os gases separados. Desta forma, o potencial da célula é mantido e a corrente é extraída da célula produzindo eletricidade.

Uma MEA típica é composta por uma membrana de eletrólito de polímero (PEM), duas camadas de catalisador e duas camadas de difusão de gás (GDL). Uma MEA com esta configuração é conhecida como MEA de 5 camadas devido à sua composição. Uma versão alternativa de um conjunto de eléctrodos de membrana é o MEA de 3 camadas, que é composto por uma membrana de eletrólito polimérico com camadas de catalisador aplicadas em ambos os lados, ânodo e cátodo. Um nome alternativo para este tipo de MEA é Membrana Revestida com Catalisador (CCM). Veja o diagrama abaixo para um exemplo de cada tipo:

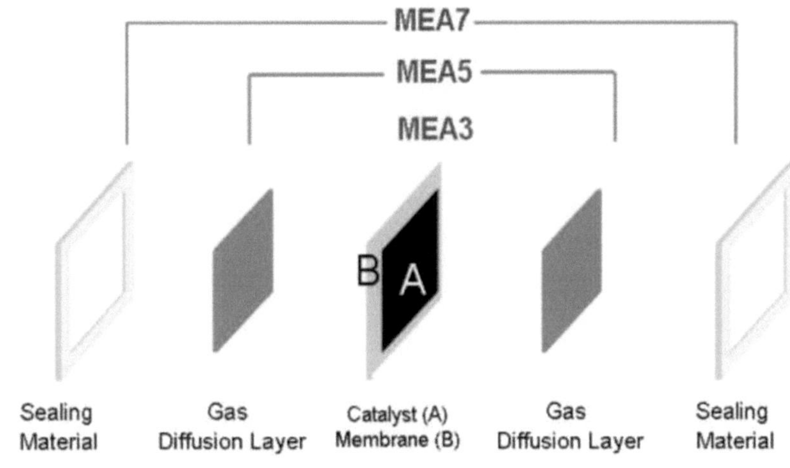

Fig. 13 Conjuntos de eléctrodos de membrana (MEA)

Tipos de eléctrodos :-

I. Elétrodo à base de platina

II. Elétrodo à base de platina e ruténio

III. Eléctrodos de folga

iv) Camadas de difusão de gás

As camadas de difusão de gás (GDL) são componentes-chave em vários tipos de células de combustível, incluindo as pilhas de membrana de troca de protões (PEM), de metanol direto (DMFC) e de ácido fosfórico (PAFC), bem como noutros dispositivos electroquímicos, como os electrolisadores. Nas células de combustível, esta folha fina e porosa deve proporcionar uma elevada condutividade eléctrica e térmica e resistência química/corrosão, para além de controlar o fluxo adequado dos gases reagentes (hidrogénio e ar) e gerir o transporte de água para fora do conjunto de eléctrodos de membrana (MEA). Esta camada também deve ter uma compressibilidade controlada para suportar as forças externas do conjunto e não se deformar nos canais da placa bicomponente para restringir o fluxo. Outras utilizações exigem critérios diferentes, por exemplo, os electrolisadores exigem placas porosas mais espessas e de maior densidade, enquanto os humidificadores têm a maioria dos mesmos requisitos que as pilhas de células de combustível, mas as GDL não precisam de ser condutoras de eletricidade. A GDL serve de ponte de ligação entre o MEA e a placa de grafite.

As principais funções da GDL são as seguintes: -

- Uma via de difusão de gás dos canais de fluxo para a camada de catalisador
- Ajuda a remover a água produzida fora da camada de catalisador e evita inundações
- Manter um pouco de água na superfície para a condutividade através da membrana
- Transferência de calor durante o funcionamento da célula
- Ajuda a fornecer resistência mecânica suficiente para manter a MEA longe da extensão causada pela absorção de água.

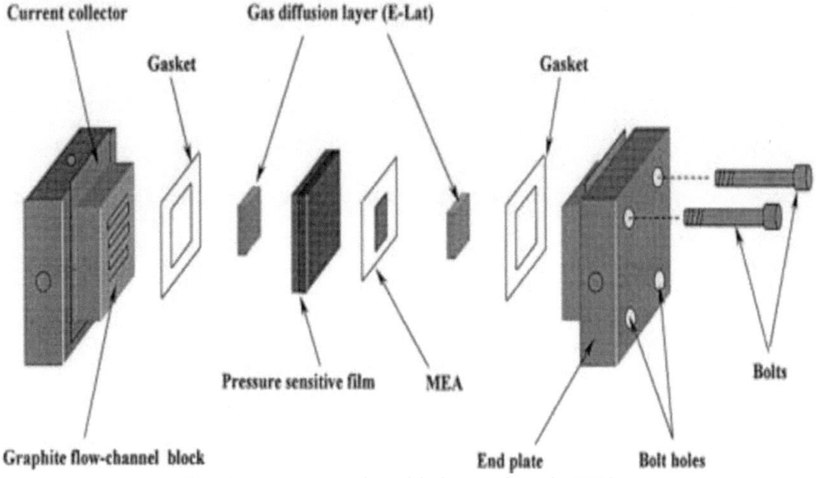

Fig 14.0 Montagem da unidade geradora de HHO

Tipos de camadas de difusão de gás :-

I. Tecido de carbono
II. Papel químico
III. Feltro de grafite
IV. Camadas de difusão de gás à prova de humidade
V. Malha e tecido de arame
VI. Apuramento de GDLs

v) Membranas

Para que uma célula de combustível PEM funcione, é necessária uma membrana de permuta de protões que transporte os iões de hidrogénio, protões, do ânodo para o cátodo sem passar os electrões que foram removidos dos átomos de hidrogénio. Estas membranas poliméricas que conduzem os protões através da membrana, mas são razoavelmente impermeáveis aos gases, servem como electrólitos sólidos (em vez de electrólitos líquidos) para uma variedade de aplicações electroquímicas e são normalmente conhecidas como membranas de permuta de protões e/ou membranas de electrólitos poliméricos (PEM). Estas membranas foram identificadas como um dos componentes-chave para várias aplicações relacionadas com o consumo de células de combustível, por exemplo, automóveis, energia de reserva, energia portátil, etc. Devido à sua aplicação em muitos mercados de consumo, a tecnologia continua a evoluir no sentido de tornar estas membranas adequadas para operações de longa duração e mesmo a altas temperaturas.

Para aplicações em células de combustível PEM e electrolisadores, uma membrana de eletrólito polimérico é colocada entre um elétrodo anódico e um elétrodo catódico. Durante a reação eletroquímica, a reação de oxidação no ânodo gera protões e electrões; a reação de redução no cátodo combina protões e electrões com oxidantes para gerar água. Para completar a reação eletroquímica, a membrana de permuta de protões desempenha um papel fundamental, conduzindo os protões do ânodo para o cátodo através da membrana. A membrana de permuta de protões também funciona como um separador para separar os reagentes do ânodo e do cátodo em células de combustível e electrolisadores

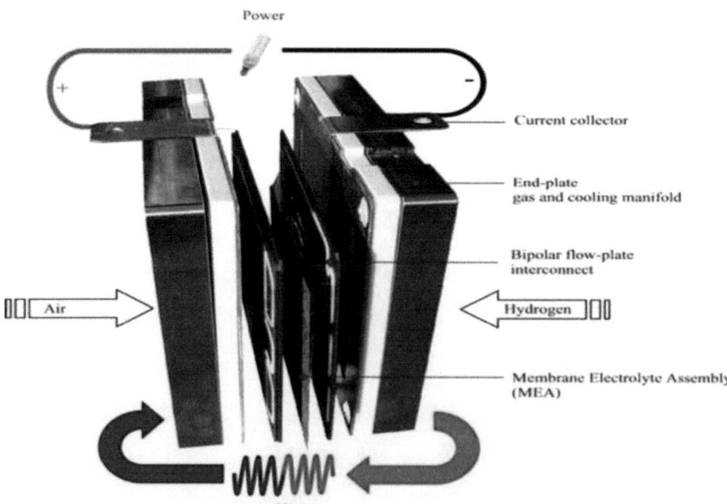

Fig 15 Funcionamento do sistema de célula de combustível

Tipos de membranas :-

I. Membrana permutadora de catiões (CEM)

II. Membrana de permuta aniónica (AEM)

III. Membrana bipolar

vi) Dispersões

Agentes aglutinantes que ajudam a manter a platina, a membrana e a camada de difusão de gás unidas, bem como ajudam a impedir que a camada de difusão de gás seja saturada por água líquida, deixando simultaneamente passar o vapor de água através dos poros.

Fig. 16.0 Dispersão

Tipos de dispersões :-

I. Dispersões de polímero Nafion PFSA

As dispersões de polímero Nafion™ PFSA da DuPont são feitas de copolímero de ácido perfluorosulfónico (PFSA) / politetrafluoroetileno (PTFE) quimicamente estabilizado na forma ácida (H^+) e estão disponíveis em várias composições de polímeros e dispersantes. As utilizações típicas incluem o fabrico de películas finas e formulações de revestimento para membranas de células de combustível, revestimento de catalisadores, sensores e uma variedade de aplicações electroquímicas.

II. Dispersões de teflon

As dispersões aquosas DuPont™ Teflon® são dispersões brancas leitosas de partículas de PTFE em água, estabilizadas por agentes humectantes. Podem ser formuladas para satisfazer necessidades específicas através da adição de outros ingredientes sólidos ou líquidos. Estas dispersões aquosas oferecem um método prático para revestir ou impregnar utilizando uma resina que não responde às técnicas tradicionais de processamento por solvente ou fusão.

vii) Juntas de vedação

As juntas proporcionam uma compressão correcta e actuam como uma "barreira" para potenciais fugas de combustível, maximizando a maior eficiência possível.

Um dos parâmetros importantes na construção de uma célula de combustível é a espessura das juntas. A espessura da junta determina a quantidade de campos de fluxo que podem ser apertados no elétrodo. Para um bom contacto (ou seja, baixa resistência de contacto), é essencial que os valores sejam de 0,002" a 0,003" para um suporte de papel de carbono e de 0,010" a 0,015" para um suporte de tecido de carbono*. Uma vez que a espessura do elétrodo para o ânodo e o cátodo pode variar, a espessura da junta para cada lado é determinada separadamente utilizando a fórmula: **Espessura da junta = (espessura individual do elétrodo) - (pinça desejada)**

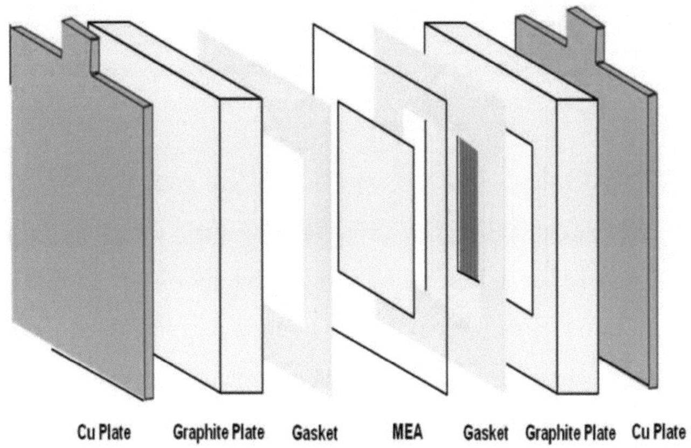

Fig 17.0 Juntas

Estes números são fornecidos apenas a título indicativo. É preferível determinar a compressão para cada situação individual, tendo em devida consideração o tipo de suporte utilizado e a natureza do material da junta (os materiais elastoméricos, por exemplo, EPDM, tendem a comprimir mais do que as películas não elastoméricas, por exemplo, PTFE)

Tipos de juntas :-

I. Juntas de teflon
II. Juntas de silicone
III. Juntas de borracha EPDM
IV. Juntas de laminado Mylar
V. Junta de Kapton / Poliimida

Aplicações de pilhas de combustível:

O teflon, tal como o nafion, actua como agente aglutinante e, por vezes, substitui a solução de nafion para esse efeito, por ser menos dispendioso. Além disso, o revestimento da camada de difusão de gás com teflon evita que a camada de difusão de gás seja saturada por água líquida, deixando ainda passar vapor de água através dos poros.

viii) Placas :-

Cada MEA individual produz menos de 1 V em condições de funcionamento típicas, mas a maioria das aplicações exige tensões mais elevadas. Portanto, vários MEAs são geralmente conectados em série, empilhando-os uns sobre os outros para fornecer uma tensão de saída utilizável. Cada célula da pilha é ensanduichada entre duas placas bipolares para a separar das células vizinhas. Estas placas, que podem ser feitas de metal, carbono ou compósitos, proporcionam a condução eléctrica entre as células, bem como a resistência física da pilha. As superfícies das placas contêm normalmente um "*campo de* fluxo", que é um conjunto de canais maquinados ou estampados na placa para permitir o fluxo de gases sobre a MEA. Podem ser utilizados canais adicionais no interior de cada placa para fazer circular um líquido refrigerante.

A figura abaixo mostra quatro tipos diferentes de canais de fluxo em serpentina em placas de grafite: **(A)** um único canal em serpentina; **(B)** canais de fluxo em serpentina dupla; **(C)** quatro canais de fluxo em serpentina; e **(D)** uma disposição simétrica de quatro canais de fluxo em serpentina.

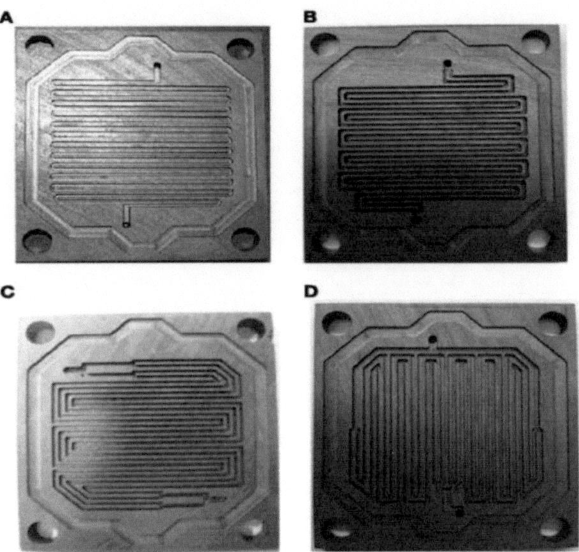

Fig 18.0 Tipos de placas

Tipos de placas :-

I. Placas de grafite

As placas de grafite são fixadas nas bases dos eléctrodos de uma pilha de células de combustível em ambos os lados. Estas placas têm um duplo objetivo na pilha de células de combustível. Um dos objectivos da placa de grafite é atuar como condutor, recebendo a energia dos eléctrodos. O outro objetivo é guiar o fluxo de hidrogénio e oxigénio

através das respectivas extremidades da pilha, certificando-se de que a quantidade máxima de gases e humidade entra em contacto com a membrana.

Para evitar a fuga de gases através da grafite normalmente porosa, as placas são construídas utilizando um processo muito mais longo e complexo que cria placas não porosas.

II. Placas de extremidade

As placas terminais, ou também chamadas placas de fixação, são necessárias em ambas as extremidades da pilha para aplicar pressão sobre as células e manter a estrutura, bem como para evitar que os gases escapem entre as placas. As placas terminais completas têm geralmente orifícios para os parafusos, bem como para os colectores de entrada e de saída.

Por vezes, as placas terminais também servem como placas de campo de fluxo com canais de fluxo num dos lados. Por exemplo, quando uma placa metálica é utilizada como placa de campo de fluxo, as placas terminais nos lados do ânodo e do cátodo também servem como placas de campo de fluxo nos respectivos lados. No entanto, é frequentemente utilizada uma placa separada como placa final para montar uma célula de combustível se forem utilizadas placas de grafite como campos de fluxo.

5. Análise experimental :-

O desempenho do kit HHO está a ser testado num motor diesel de um cilindro. O desempenho é calculado instalando o kit HHO num motor e comparando os seus resultados com o desempenho do motor de base. O fluxo de HHO para um motor é controlado através da variação da solução de KOH.

5.1 Configuração de teste :-

Neste relatório, o kit HHO é testado num motor diesel de um cilindro. O gás hidroxi (HHO) precisa de ser fornecido juntamente com o ar de entrada para o motor. O gerador de hidrogénio é utilizado para separar o H2 e o O da água. Este HHO separado passa depois por dispositivos de segurança e é finalmente fornecido ao motor. O hidrogénio tem uma velocidade de chama mais elevada e a sua inflamabilidade contribui para uma combustão mais rápida.

Fig. 19.0 Configuração do teste

A figura 19 mostra a configuração experimental. O gerador HHO de tipo seco é utilizado para fornecer gás hidroxi (HHO) de fluxo constante como combustível suplementar no motor diesel. As especificações dos motores são apresentadas no quadro 2.0. O dinamómetro de correntes parasitas está acoplado ao motor e é utilizado para o carregamento. Os dados do ensaio são gerados no pacote de software enginesoft.

O ensaio do motor foi realizado de acordo com a norma ISO3046. Inicialmente, o motor foi ensaiado em várias condições de carga como 0%, 25%, 50%, 75% e 100% de cargas e o desempenho foi registado para estas condições de carga. Em seguida, o gás HHO pode fluir através do tubo de entrada de ar no motor, sendo utilizados 100 g de pó de KOH para controlar o processo de eletrólise. O kit HHO consumiu 120 Watt de potência para fornecer HHO a 0,6 *lpm*.

5.2 Procedimento de ensaio do motor

O motor foi ensaiado de acordo com a norma ISO 3046. A norma ISO 3046 está dividida em 7 partes. Cada parte especifica as directrizes de ensaio do motor. Seguem-se as directrizes por parte.

i) Parte I:- Declaração de potência, consumo de combustível e de óleo lubrificante, e Métodos de ensaio - Requisitos adicionais para motores de uso geral.

ii) Parte II:- Métodos de ensaio

iii) Parte III:- Medições de ensaio

iv) Parte IV:- Regulação da velocidade

v) Parte V:- Vibrações de torção

vi) Parte VI:- Proteção contra o excesso de velocidade

vii) Parte VII:- Códigos para a potência do motor

As 7 partes acima referidas especificam várias directrizes de ensaio, nomeadamente os requisitos para a declaração de potência, o consumo de combustível, o consumo de óleo lubrificante e o método de ensaio, para além dos requisitos básicos definidos na **norma de base ISO 15550.**

Define um código para a potência de travagem do motor em conformidade com a norma principal ISO 15550, a fim de, se necessário, simplificar a aplicação das declarações de potência e facilitar a comunicação.

Pode ser aplicada a motores utilizados para impulsionar máquinas de construção de estradas e de movimentação de terras, camiões industriais e outras aplicações em que não exista uma norma internacional adequada para esses motores.

Trata-se de uma norma **satélite** e destina-se a ser aplicada apenas em conjunto com a **norma principal ISO 15550**, de modo a especificar completamente os requisitos para a aplicação específica do motor.

5.3 Ensaio de motores :-

O ensaio do motor foi efectuado em 4 condições de ensaio diferentes. Em primeiro lugar, o motor foi ensaiado normalmente, sem qualquer adição de combustível suplementar. Este desempenho foi registado num relatório.

Em segundo lugar, o gás HHO é adicionado como combustível suplementar juntamente com o ar, sendo este gás HHO queimado no motor juntamente com o gasóleo. Espera-se que o desempenho do motor seja melhorado devido às propriedades de combustão do gás HHO.

O segundo teste é realizado em 3 condições diferentes, a quantidade de solução de KOH é variada, uma vez que o KOH actua como eletrólito e, portanto, controla a quantidade de corrente fornecida ao kit gerador.

À medida que a quantidade de solução de KOH aumenta, a solução torna-se mais forte, permitindo a passagem de mais corrente através dela, produzindo assim mais calor e perdas de cobre.

i) Adicionam-se 80 g de solução de KOH à água destilada para controlar a reação e, assim, controlar a capacidade de produção de HHO através do controlo da quantidade de corrente a fornecer ao gerador

ii) Adicionam-se 100 g de solução de KOH à água destilada para controlar a reação e, assim, controlar a capacidade de produção de HHO através do controlo da quantidade de corrente a fornecer ao gerador.

iii) Adiciona-se 125 g de solução de KOH à água destilada para controlar a reação e, consequentemente, para controlar a capacidade de produção de

HHO através do controlo da quantidade de corrente a fornecer ao gerador

O valor mais adequado de KOH está a ser encontrado através da comparação dos 3 relatórios de ensaio com o relatório do motor de base. Os resultados mais óptimos estão a ser seleccionados de modo a manter a solução de KOH constante e a obter uma proporção constante. Os relatórios de ensaio estão anexados abaixo e o ensaio foi efectuado para encontrar a solução mais adequada.

Engine testing without HHO

DATE:-	5/1/2017
As per Standard	ISO3046
Type	Diesel engine
Cylinder	1
Bore * stroke	87.5*110
cooling	Water
Barometric pressure	712 mm OF Hg.

Rated RPM	1500
Rated Power BHP	4.76
Declared SFC	251
Comp. Ratio	18:01

Dynamometer constant	3871.34
Dynamometer type	Electrical

Clock Time	Humidity	Air inlet Temp °C	% of Load	Time in Mins.	Load in Kg.	RPM	Measured Power	Correction factor for Power	Correccted Power	Time for 50 gm fuel sec.	Total fuel consu. gr/hr.	Observed SFC gm/hp-hr	Correction factor for SFC	Corrected SFC gm/hp-hr	Exhaust temp °C	Water temp °C	IMEP (bar)	IP (KW)	IP (HP)	Thermal eff
9.40	50	20	0	5	-	1624	-	-	-	-	-	-	-	-	115	31	1.9	1.66	2.26	
9.45	51	20	25	5	3.25	1505	1.26	0.9844	1.28	311.00	578.78	458.09	1.0138	451.86	142	33	2.9	2.39	3.25	33.18
9.50	51	20	50	5	6.50	1483	2.49	0.9881	2.52	240.00	750.00	301.21	1.0139	297.08	176	34	3.8	3.08	4.19	33.00
9.55	51	20	75	5	9.75	1460	3.68	0.9866	3.73	190.00	947.37	257.65	1.0139	254.11	213	35	4.8	3.75	5.10	31.81
10.00	49	21	100	5	13.00	1447	4.86	0.9858	4.93	155.00	1161.29	239.00	1.0147	235.53	260	37	5.8	4.59	6.24	31.76
10.05	48	21	100	5	13.00	1445	4.85	0.9858	4.92	154.00	1168.83	240.88	1.0151	237.30	264	38	5.8	4.57	6.22	31.42

High idle rpm : - 1628

Fuel consumption in Ltr/hr. : - 0.93

Starting system : Hand Start

Engine testing with HHO 80gm

DATE:-	8/1/2017
As per Standard	ISO3046
Type	Diesel engine
Cylinder	1
Bore * stroke	87.5*110
cooling	Water
Barometric pressure	712 mm OF Hg.

Rated RPM	1500
Rated Power BHP	4.76
Declared SFC	251
Comp. Ratio	18:01

Dynamometer constant	3871.34
Dynamometer type	Electrical

Clock Time	Humidity	Air inlet Temp °C	% of Load	Time in Mins.	Load in Kg.	RPM	Measured Power	Correction factor for Power	Correccted Power	Time for 50gm fuel sec.	Total fuel consu. gr/hr.	Observed SFC gm/kw-hr	Correction factor for SFC	Corrected SFC gm/kw-hr	Exhaust temp °C	Water temp °C	IMEP (bar)	IP (KW)	IP (HP)	Net Improvement (%)	Thermal eff
9.40	45	24	0	5	-	1584	-	-	-	-	-	-	-	-	109	31	2.1	1.7	2.31	2.4	
9.45	45	25	25	5	3.25	1580	1.33	0.9844	1.35	302.00	596.03	449.35	1.0162	442.19	150	32	2.9	2.5	3.40	4.6	33.71
9.50	44	25.2	50	5	6.50	1475	2.48	0.9841	2.52	245.00	734.69	296.66	1.0203	290.76	176	33	3.8	3.2	4.35	3.89	35.00
9.55	43	26.1	75	5	9.75	1450	3.65	0.9813	3.72	190.00	947.37	259.42	1.0181	254.81	216	34	4.8	3.8	5.17	1.33	32.23
10.00	44	26.4	100	5	13.00	1430	4.80	0.9858	4.87	160.00	1125.00	234.28	1.0195	229.80	263	35	5.9	4.7	6.39	2.40	33.57
10.05	42	26.6	100	5	13.00	1432	4.81	0.9818	4.90	161.00	1118.01	232.50	1.0187	228.23	267	35	5.9	4.7	6.39	2.84	33.78

High idle rpm : - 1628

Fuel consumption in Ltr/hr. : - 0.904 2.80% improvement

Starting system : Hand Start

Engine testing with HHO 100gm

DATE:-	9/1/2017
As per Standard	ISO3046
Type	Diesel engine
Cylinder	1
Bore * stroke	87.5*110
cooling	Water
Barometric pressure	712 mm OF Hg.

Rated RPM	1500
Rated Power BHP	4.76
Declared SFC	251
Comp. Ratio	18:01

Dynamometer constant	3871.34
Dynamometer type	Electrical

Clock Time	Humidity	Air inlet Temp °C	% of Load	Time in Mins.	Load in Kg.	RPM	Measured Power	Correction factor for Power	Correccted Power	Time for 50 gm fuel sec.	Total fuel consu. gr/hr.	Observed SFC gm/kw-hr	Correction factor for SFC	Corrected SFC gm/hp-hr	Exhaust temp °C	Water temp °C	IMEP (bar)	IP (KW)	IP (HP)	Net Improvement (%)	Thermal eff
9.40	45	23	0	5	-	1584	-	-	-	-	-	-	-	-	114	31	2.1	1.84	2.50	10.84	
9.45	46	23	25	5	3.25	1584	1.33	0.9844	1.35	306.00	588.24	442.36	1.0162	435.31	155	32	2.9	2.57	3.50	7.53	35.11
9.50	39	26.3	50	5	6.50	1484	2.49	0.9841	2.53	249.00	722.89	290.13	1.0203	284.35	180	33	3.8	3.3	4.49	7.14	36.68
9.55	39	26.3	75	5	9.75	1460	3.68	0.9813	3.75	199.00	904.52	245.99	1.0181	241.62	220	34	4.8	4.0	5.44	6.67	35.54
10.00	39	26.3	100	5	13.00	1448	4.86	0.9858	4.93	166.00	1084.34	223.00	1.0195	218.74	270	35	5.9	4.85	6.60	5.67	35.94
10.05	39	26.3	100	5	13.00	1447	4.86	0.9818	4.95	167.00	1077.84	221.82	1.0187	217.75	276	35	5.9	4.86	6.61	6.34	36.23

High idle rpm : - 1628

Fuel consumption in Ltr/hr. : - 0.87 6.45% improvement

Starting system : Hand Start

Engine testing with HHO 125gm

DATE:-	11/1/2017
As per Standard	IS03046
Type	Diesel engine
Cylinder	1
Bore * stroke	87.5*110
cooling	Water
Barometric pressure	712 mm OF Hg.

Rated RPM	1500
Rated Power BHP	4.76
Declared SFC	251
Comp. Ratio	18:01

Dynamometer constant	3871.34
Dynamometer type	Electrical

Clock Time	Humidity	Air inlet Temp °C	% of Load	Time in Mins.	Load in Kg.	RPM	Measured Power	Correction factor for Power	Correccted Power	Time for 50 gm fuel sec.	Total fuel consu. gr/hr.	Observed SFC gm/kw-hr	Correction factor for SFC	Corrected SFC gm/kw-hr	Exhaust temp °C	Water temp °C	IMEP (bar)	IP (KW)	IP (HP)	Net Improvement (%)	Thermal eff
9.40	44	22	0	5	-	1584	-	-	-	-	-	-	-	-	111	31	2.1	1.69	2.30	1.81	
9.45	43	23	25	5	3.25	1578	1.32	0.9844	1.35	300.00	600.00	452.92	1.0162	445.70	152	32	2.9	2.49	3.39	4.18	33.35
9.50	44	23.1	50	5	6.50	1470	2.47	0.9841	2.51	242.00	743.80	301.36	1.0203	295.37	178	33	3.8	3.18	4.33	3.25	34.36
9.55	44	23.4	75	5	9.75	1445	3.64	0.9813	3.71	191.00	942.41	258.96	1.0181	254.35	218	34	4.8	3.79	5.16	1.07	32.32
10.00	44	23.6	100	5	13.00	1425	4.79	0.9858	4.85	158.00	1139.24	238.08	1.0195	233.52	266	35	5.9	4.69	6.38	2.18	33.08
10.05	44	24	100	5	13.00	1427	4.79	0.9818	4.88	159.00	1132.08	236.25	1.0187	231.91	270	35	5.9	4.68	6.37	2.40	33.22

High idle rpm : - 1628

Fuel consumption in Ltr/hr. : - 0.912 1.94% improvement

Starting system : Hand Start

6. Análise dos resultados :-

As características de desempenho e de emissões do gasóleo com enriquecimento de gás hidroxi (HHO) em comparação com o funcionamento do gasóleo de base.

6.1 Características de desempenho

O desempenho de um motor é registado nos relatórios de ensaio, como se mostra na análise experimental acima. Os resultados das 3 variâncias são comparados com o motor de base e é selecionada a solução mais óptima. Os seguintes parâmetros de desempenho estão a ser registados e analisados.

6.1.1 Potência térmica indicada

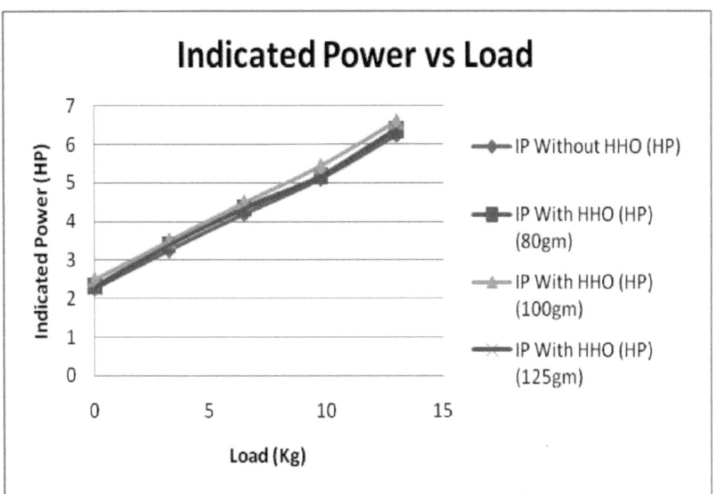

Fig: 20.0 Variação da potência indicada com a carga.

A figura 20 mostra a variação da potência indicada com a carga. As 4 variações de ensaio são apresentadas no gráfico acima. A potência indicada está a aumentar com o aumento da carga. Para o gasóleo de base, a potência indicada a plena carga foi de 6,22 CV. Com a adição de gás hidroxi, esta potência aumenta. Uma vez que o hidrogénio tem um elevado poder calorífico, ajudará na combustão pura do combustível, pelo que a combustão será mais limpa.

Como se pode ver no gráfico acima e nos relatórios de ensaio anexados, com 80 gm de adição de KOH, a potência térmica indicada aumenta para 6,39 HP, o que resulta num aumento de 2,73% na potência.

Com a adição de 100gm de KOH em pó, a potência térmica indicada é aumentada para 6,61 HP em comparação com o motor diesel de base, o que resulta num aumento de 6,27% na potência.

O pó de KOH é aumentado para 125 gm, tornando a solução mais forte e produzindo mais gás HHO. Isto resulta num aumento da potência térmica indicada para 6,37 CV em comparação com o motor diesel de base, o que resulta num aumento de 2,41% da potência.

Comparando todas as 3 variações acima referidas com o motor diesel de base, verifica-se que quando a solução electrolítica é fraca (ou seja, 80 g de KOH), o aumento de potência foi de apenas 2,73%, quando a solução é tornada mais forte (ou seja, 100 g de KOH), o aumento de potência foi de 6,27% no máximo. Quando esta solução se torna ainda mais forte (ou seja, 125 g de KOH), o aumento de potência diminui para 2,41%. Assim, com base no parâmetro de potência, a solução mais óptima é a adição de 100 g de KOH à água destilada.

6.1.2 Eficiência térmica indicada

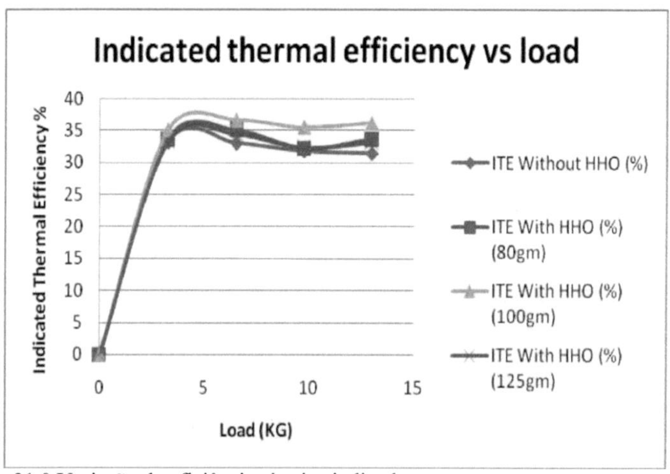

Figura:21.0 Variação da eficiência térmica indicada com a carga.

A figura 21 mostra a eficiência térmica indicada para o motor diesel de base com um enriquecimento de 1 *lpm* de HHO. A eficiência térmica do motor diesel quando enriquecido com hidroxi gás é superior à do diesel de base. Devido ao aumento do poder calorífico da mistura global na câmara de combustão, a eficiência térmica aumenta. O elevado valor da eficiência térmica pode ser atribuído a uma melhor mistura do gás hidroxilo com o ar, o que resulta numa melhor combustão. A eficiência térmica indicada do motor diesel de base foi de 31,42%. Como o hidrogénio tem uma inflamabilidade e uma velocidade de chama elevadas, aumentará a taxa de combustão. Isto resulta num aumento da eficiência térmica.

Como se pode ver no gráfico acima e nos relatórios de teste anexados, com 80 gm de adição de KOH, a eficiência térmica indicada é aumentada para 33,68%, o que resulta num aumento de 7,19% na eficiência térmica indicada.

Com a adição de 100 g de pó de KOH, a eficiência térmica indicada é aumentada para 36,23% em comparação com o motor diesel de base, o que resulta num aumento de 15,31% na eficiência.

O pó de KOH é ainda aumentado para 125 gm, tornando a solução mais forte e produzindo mais gás HHO. Isto resulta num aumento da eficiência térmica indicada para 33,15% em comparação com o motor diesel de base, o que resulta num aumento de 5,51% na eficiência térmica indicada.

Comparando todas as 3 variações acima com o motor diesel de base, verifica-se que quando a solução electrolítica é fraca (ou seja, 80gm KOH), o aumento da eficiência térmica indicado foi de apenas 7,19%, quando a solução é mais forte (ou seja, 100gm KOH)
O incremento da eficiência térmica indicada foi de 15,31% no máximo. Quando esta solução se torna mais forte (isto é, 125gm KOH), o incremento da eficiência térmica indicada diminui ainda mais para 5,51%. Assim, com base no parâmetro de eficiência térmica indicado, a solução mais óptima é a adição de 100 g de KOH à água destilada.

6.1.3 Consumo específico de combustível

A figura 22 mostra a variação do consumo específico de combustível com a carga. Observa-se que o consumo específico de combustível é máximo a 3,25 kg de carga e depois diminui para uma carga total de 13 kg. Com a adição de gás HHO, verifica-se uma redução do consumo específico de combustível. O hidrogénio tem uma elevada difusividade com o gasóleo e o ar. O gás hidrogénio também ajuda o processo de combustão e produz uma melhor combustão devido à elevada velocidade da chama e à inflamabilidade. A adição de gás hidróxido ajuda o combustível a arder mais rapidamente.

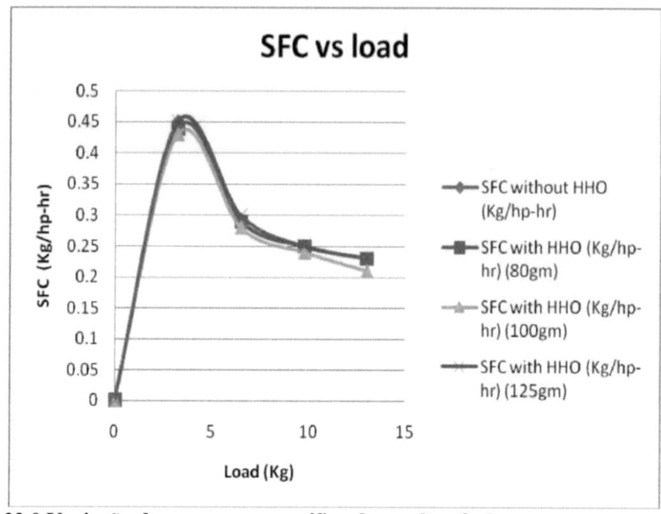

Figura: 22.0 Variação do consumo específico de combustível com a carga.

Quando enriquecido com gás hidroxilo, verifica-se uma redução do consumo específico de combustível. A redução do SFC deve-se à mistura uniforme do gás hidroxilo com o ar (elevada difusividade do hidrogénio) e com o oxigénio. O gás hidróxido (HHO) auxilia o combustível diesel durante o processo de combustão e produz uma melhor combustão. O HHO tem uma velocidade de chama elevada e uma grande inflamabilidade, pelo que a adição de gás hidroxi ajudaria a queimar o combustível mais rapidamente e de forma mais completa em condições de velocidade constante.

Como se pode ver no gráfico acima e nos relatórios de ensaio em anexo, com 80 g de adição de KOH, o consumo específico de combustível permanece o mesmo que o do motor de base, ou seja, 0,23 kg/HP-hora, o que resulta num aumento de 0% na eficiência térmica indicada.

Com a adição de 100gm de pó de KOH, o consumo específico de combustível diminui para 0,21Kg/HP-hr em comparação com o motor diesel de base, o que resulta numa melhoria de 8,7% no consumo específico de combustível.

O pó de KOH é aumentado para 125 gm, tornando a solução mais forte e produzindo mais gás HHO. Este facto não altera o consumo específico de combustível, pelo que se mantém igual a 0,23 kg/HP-hora em comparação com o motor diesel de base, o que resulta numa melhoria de 0% no consumo específico de combustível.

Comparando todas as 3 variações acima referidas com o motor diesel de base, verifica-se que, quando a solução electrolítica é fraca (ou seja, 80 g de KOH), a melhoria do consumo específico de combustível foi de 0%, quando a solução é reforçada (ou seja, 100 g de KOH), a melhoria do consumo específico de combustível foi de 8,7% no máximo. Quando esta solução se torna ainda mais forte (isto é, 125 g de KOH), a melhoria do consumo específico de combustível diminui ainda mais para 0%. Assim, com base no parâmetro de melhoria do consumo específico de combustível, a solução mais óptima é a adição de 100 g de KOH à água destilada.

6.1.4 Temperatura dos gases de escape

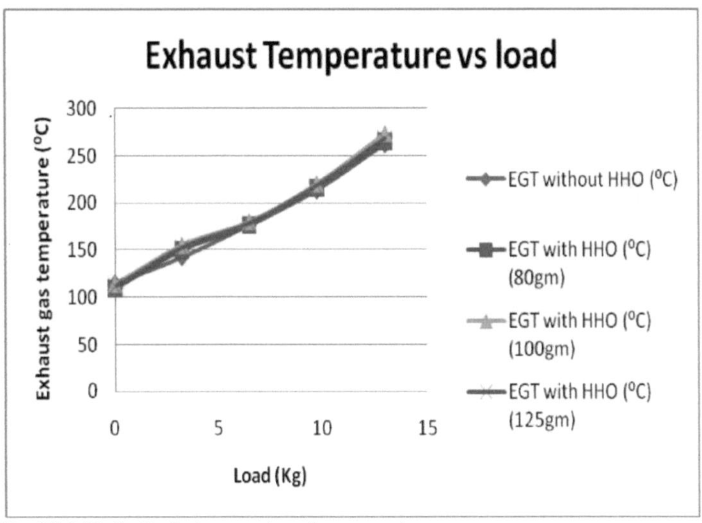

Fig: 23.0 Variação da temperatura dos gases de escape com a carga.

A variação da temperatura dos gases de escape para várias cargas é mostrada na figura 23. A tendência mostra que a temperatura dos gases de escape aumenta de 262° C para 273°C quando enriquecidos com gás hidroxi. A temperatura máxima dos gases de escape, 273°C, é atingida a plena carga. A Figura 23 mostra que se verificou uma melhor combustão após o enriquecimento do motor com hidroxi gás. O hidrogénio tem uma temperatura de auto-ignição elevada, pelo que a acumulação de mais gás no cilindro contribui para o aumento da temperatura de escape.

A Figura 23 mostra que se regista uma melhor combustão após o enriquecimento do gás hidroxilo no motor. Devido ao elevado tempo de residência associado à elevada temperatura de auto-ignição do hidroxi gás, acumula-se mais carga no interior do cilindro, o que contribui para aumentar a temperatura dos gases de escape. Devido ao aumento da temperatura de pico da combustão, a temperatura dos gases de escape do motor enriquecido com hidrocarbonetos gasosos é superior à do motor diesel.

Como se pode ver no gráfico acima e nos relatórios de ensaio em anexo, com 80 g de adição de KOH, a temperatura de escape aumentou para 265C em comparação com o motor diesel beseline, o que resulta num aumento de 1,13% na temperatura de escape.

Com a adição de 100gm de KOH em pó, a temperatura de escape aumenta para um máximo de 273C em comparação com o motor diesel de base, o que resulta num aumento de 4,2% na temperatura de escape.

O pó de KOH é ainda aumentado para 125 gm, tornando a solução mais forte e produzindo mais gás HHO. Isto resulta no aumento da temperatura de escape para 268C em comparação com o motor diesel de base, o que resulta num aumento de 2,29% na temperatura de escape.

7. Conclusão e âmbito futuro :-

O objetivo deste trabalho foi construir um sistema simples e inovador de geração de HHO e avaliar o efeito da adição de gás hidroxilo HHO, como melhorador do desempenho do motor, ao combustível a gasolina no desempenho e nas emissões do motor. De acordo com o plano experimental, foi efectuada a conceção do gerador de HHO. O gerador HHO foi concebido para fornecer 0,4 LPM de hidrogénio como combustível suplementar ao motor. No nosso projeto, utilizámos 13 placas de aço inoxidável 316L, 14 juntas de borracha e 2 placas de acrílico.

A partir dos resultados obtidos após experiências com um motor diesel monocilíndrico a quatro tempos, verifica-se que o enriquecimento com gás hidroxilo resulta numa melhoria significativa do desempenho e na redução dos parâmetros de emissão, exceto a temperatura dos gases de escape e as emissões de NO, que aumentam com o aumento da carga. A eficiência térmica do motor diesel aumenta e o consumo específico de combustível é reduzido quando enriquecido com gás hidroxilo. A temperatura dos gases de escape parece aumentar, provocando um aumento dos NOx.

A partir dos resultados obtidos acima, podemos concluir que a composição mais óptima de KOH para um motor diesel de quatro tempos e um cilindro é 100 g. Os resultados mais óptimos são registados com este constituinte em comparação com 80gm e 125gm de KOH.

Referências :-

1. Duu-Jong Lee, Chang-chen Chou, Bing-Hung Chen Armazenamento de hidrogénio num sistema de combustível de hidreto químico, Energy Procedia 61 (2014) 142 - 145
2. Ammar A. Al-Rousan, Redução do consumo de combustível em motores a gasolina através da introdução de gás HHO no coletor de admissão, revista internacional de energia do hidrogénio 35 (2010) 12930-12935
3. Wei Sun, Preparação de hidrolisado de óleo de hogwash (HHO) e sua aplicação na separação de diásporos da caulinite, Minerals Engineering 23 (2010) 670-675
4. Ali Can Yilmaz, Efeito da adição de gás hidroxi (HHO) no desempenho e nas emissões de escape em motores de ignição por compressão, revista internacional de energia do hidrogénio 35 (2010) 11366-11372
5. Ammar A., Al-Rousan, Efeito do gás HHO nas emissões de combustão em motores a gasolina, Fuel 90 (2011) 3066-3070
6. J. Shanker, Dr.M.Srivsankar, R.B.Dhurairaj Gás HHO com Bio Diesel como combustível duplo com ar pré-aquecido, Procedia Engineering 38 (2012) 1112 - 1119
7. Mustafa Kaan Baltacioglu, Comparação experimental de biodiesel enriquecido com hidrogénio puro e HHO (hidroxi), revista internacional de energia de hidrogénio XXX (2016) 1-7
8. Yehia A. Eldrainy, Efeito da adição de gás hidroxi (HHO) no desempenho e nas emissões dos motores a gasolina, Alexandria Engineering Journal (2015) 125-140
9. H.N. Farneze, Degradação das propriedades mecânicas e de resistência à corrosão do aço AISI 317L exposto a 550 °C, Engineering Failure Analysis (2015) 100-115
10. Da Sun, Jai Chen, M.Babar Sahazad, Ke Yang, Dake Xu Inibição do biofilme de Staphylococcus aureus por um aço inoxidável 317L-Cu com suporte de cobre e sua resistência à corrosão, Minerals Engineering 23 (2010) 670-675.

11. Da Sun, Inibição do biofilme de Staphylococcus aureus por um aço inoxidável 317L-Cu com suporte de cobre e sua resistência à corrosão, Materials Science and Engineering C 69 (2016) 744-750.
12. Yaolei Han, Efeito do electropolimento na corrosão do aço inoxidável 316L de grau nuclear em água desaerada a alta temperatura, Corrosion Science (2016) 135-155
13. R.K. Rajput's ,Alternate Energy sources, Power plant engineering,
14. Célula de combustível de permuta de protões "Wikipedia"
15. Célula de combustível.pdf
16. http://www.fuelcells.org/basics/how.html
17. http://www1.eere.energy.gov/hydrogenandfuelcells/pdfs/doe_h2_fuelcell_factsheet.pdf
18. http://www1.eere.energy.gov/hydrogenandfuelcells/education/basics_production.html

Printed by Books on Demand GmbH, Norderstedt / Germany